狗狗是真心愛你
還是愛你的食物？

BBC專家為你解答

生物的
不可思議

THE LITTLE BOOK OF CREATURES

U0040847

CONTENTS

牠為什麼這樣！

牠竟然會這樣！

牠為什麼這樣！

大猩猩一直在放屁是真的嗎？

倉鼠會放屁，馬會放屁，人當然也會放屁。
那麼，身為和我們親緣關係最接近物種之一的大猩猩會
放屁也不怎麼令人意外（而且放很多屁）。

放屁是身體排除腸道細菌製造出多餘氣體的方法，會釋放出
沒有氣味的二氧化碳、氫氣和甲烷，有時也會排出揮發性硫化
物，使排出的氣體帶著一股令人不快的雞蛋味。

大猩猩有兩個物種：東部大猩猩和西部大猩猩，皆源自於
非洲大陸赤道的叢林地區。牠們體重可達 190 公斤，是全球現
生最巨大的靈長類，以纖維豐富但相對沒那麼營養的植物為主
食，每天必須吞下約 20 公斤的蕁麻、野芹和其他植物，一生中
大部分時間都在覓食。

大猩猩沒在吃東西的時候就是在休息，休息的時候就在消化
食物。「這時，就會聽到很多放屁的聲響。」西班牙巴塞隆納
大學的約爾迪・加爾巴尼・卡爾薩斯（Jordi Galbany Casals）這麼
說，他正在盧安達北部火山國家公園研究山地大猩猩（東部大
猩猩的亞種之一）。

2020 年，BBC 的《荒野間諜》（*Spy in the Wild*）節目系列就記錄了大猩猩有多常放屁。製作團隊使用遙控的「大猩猩攝影機」拍攝烏干達的山地大猩猩時，發現牠們居然會一邊進食一邊唱歌，而且「屁聲」經常點綴其中。卡爾薩斯表示，「大猩猩的確隨時屁聲連連。」

狗狗為何
斜眼看人？

斜 眼看人、看似不屑一顧的狗狗常是幽
默哏圖的主角，但這種特徵可能不如表面簡單。

人類如果斜眼看人，無非是想傳達懷疑、輕視或否定意圖，因此在狗狗身上看到類似表情會特別令人發噱。此時，牠們眼睛的有色部分（虹膜）會移至一側，從而露出更多的眼白（鞏膜），而且往往會伴隨其他非言語行為，例如雙耳下垂或微微撇開頭部等。動物行為學家會透過這些行為去推測其中意義。

狗狗斜眼看人有不同原因。例如有些狗撞見別的貓時，露出的似笑非笑、彷彿說著「真的假的」的表情其實說明牠很焦慮。或者遇到別隻狗準備品嘗點心時，也會刻意迴避正眼直視對方，代表「我可沒有看你喔，所以絕對無意對你的點心下手」。這種姿態的效果卓絕，一等到那隻狗狗卸下防備，便以迅雷不及掩耳的速度將對方的點心吞下肚。

換作是其他的狗和其他的情境，斜眼看向對方也可能代表不同情緒，例如展現保護態度或想要捍衛領地等。

犬類之所以具有如此出色的「表達能力」，關鍵在於牠們擁

有動物之中少見的眼白。咸認人類祖先在馴養狗的時候，不經意地挑選了眼白較多的狗，因為這樣有助於促進跨物種的溝通交流。那些搞笑的狗狗影片不過是意想不到的副產品而已！

狗的一年
等於人的七年？

俗話說，狗的一年等於人類的七年。換句話講，五歲的狗狗就等同於 35 歲的人類。但事情沒有這麼簡單。狗狗成長的速率不同於人類，壽命也視其體型與品種而有極大差異。

人類要活 18 年才會成年，但幼犬的幼年期只有六到九個月（取決於體型與品種）。狗通常會在六個月到一年之間經歷青春期，所以這算是牠們的青少年階段。然後狗狗就算是年輕成犬了，直到牠們長至三到四歲為止。

美國動物醫院協會將狗一生中的最後四分之一視為老年期，通常假設從七歲左右開始，儘管這也視品種而定（大約介於五歲到 10 歲之間）。英國人的預期壽命接近 81 歲，那麼一隻七歲犬的年齡就相當於人類的 61 歲。

那麼大丹犬這類短壽的犬種又該怎麼說？由於研究顯示，牠們死時在行為與神經學方面並未「衰老」，所以表示這些狗狗無法活到老年。因此要考慮的就是各品種或混種犬之間不同的壽命長度。

最近有份研究探究了美國一千多間獸醫診所的近兩百萬隻鬥

診狗狗，結果發現，每隻狗狗出生時的預期壽命為 12.69 歲，這個數字稍高於英國更早前的一項研究（11.23 歲），稍低於美國的另一項研究（15.4 歲）。

　　然而情況仍各有不同。母狗的壽命便略長於公狗，小型犬則比大型犬活得更久；有研究指出，小型狗的壽命為 16.2 年，大型犬則為 12 年。

一般而言，混種狗比純種狗活得要久一些，但有些純種狗的壽命也很長。有研究顯示，吉娃娃、西施犬和臘腸狗是壽命最長的品種。

從以上結果可得知，一歲的狗狗也許等同於 18 歲的人類，而七比一的歲數計算法或許要在此之後才更有道理。另一派研究則改採生物學方法，隨著生物年齡漸長，DNA 也會出現表觀基因變化，此為甲基化過程的結果。科學家觀察了 104 隻拉布拉多犬的核酸（稱為甲基化組）變化，並將其與人類的核酸比較，發現兩者並無線性關聯。

此研究結果給了我們另一個可算出人狗相應年齡的算式：先取狗狗年齡的對數，乘以 16 後再加上 31。幼年和老年時的計算結果最佳，中段的效果有時則不太準確。這些科學家表示，根據表觀基因組，八週大的幼犬相當於九個月大的嬰兒，12 歲的狗則約相當於 70 歲的人類。

科學家還製作一張圖表來對應拉布拉多犬與人類的年齡。圖表顯示，狗狗一歲相當於人類 30 歲；兩歲等同於人類的 40 出頭；七歲則相當於人類 60 歲；14 歲則大約是人類 80 歲。當然，以上結果不一定能套用於其他犬種。

要是這個結果讓你覺得有點難過（因為你的狗狗比想像中還要老），先別太沮喪了。有一項大型研究顯示，較長的犬隻壽

命與健康的體重有相關性，所以建議你要留意狗狗的體重（可以請教獸醫）。

　　舉例來說，體重正常的拉不拉多母犬能活 13.6 年，公犬則是 13.3 年，但過重犬隻的壽命便分別降至 13.0 和 12.7 年。正常體重的約克夏梗犬可活 15.5 年（母狗）或 16.2 年（公狗），但過重的話就會分別降至 13.5 或 13.7 年。

　　牙齒清潔也與更長的壽命有關，但尚不清楚這是與更好的整體醫療保健有關，還是限定於牙齒保養。

　　所以說，用人類的角度來計算狗狗的年齡比你想像中要複雜多了，幼犬期的幾週和幾個月雖然轉眼間就結束，卻是年齡大躍進的時期。

天才狗狗 學字彙有多快？

科 學家已經明確說明了某一類型天才狗的特徵，總歸來說就是狗對自己玩具的識別程度，這一類的天才狗稱為資優的詞彙學習者（Gifted Word Learner），因為牠們認識許多自己的玩具名稱，而且可以依指令取得正確的玩具。

一項發表在期刊《自然－科學報告》（Nature Scientific Reports）上的研究證實這些天才狗其實非常罕見，這是首批深度針對狗來探討這類特性的研究之一，而且樣本數有 41 隻狗，並不是只有一兩隻而已。

研究團隊進行測試時，這些天才狗平均認識 29 種玩具名稱。然而詞彙資優狗的詞彙學習速度實在太快，在研究結束時，參與研究的狗當中有 50％已經認識逾 100 種玩具名稱。

為了確認哪些狗是學習詞彙的優等生，研究團隊讓飼主先寄送一段狗在聽到玩具名稱後將玩具拿過來的影片。接著研究團隊會在線上的「虛擬實驗室」中與飼主會面，以便在更嚴謹的條件下進行取回玩具測驗。再來，研究團隊會讓每位飼主填一

份問卷，問卷中詢問這些狗的生活經歷、飼主訓練這些狗的經歷以及這些狗如何學會玩具的名稱。

↑ 五歲的邊境牧羊犬馬克斯（Max）住在匈牙利，認得逾 200 種玩具的名稱。

　　這項由匈牙利厄特沃許羅蘭大學進行的研究顯示，詞彙資優狗的飼主表示他們所擁有的資優狗可以在 30 分鐘內學會新玩具的名稱。

　　依據研究提供的數據，某些品種出現詞彙資優狗的機率特別高，這項研究中有 56％的詞彙資優狗是邊境牧羊犬，另外還有幾種不屬於工作犬的品種，包括柯基犬和西施犬。

　　接受調查的飼主當中，多數不具有犬隻訓練的專業背景。事實上，大部分的飼主並沒有刻意教狗這項技能；這些狗是在飼主說「想要玩你的蝸牛嗎？」這類的話時，自然學會了玩具名稱。

　　研究論文共同作者的厄特沃許羅蘭大學動物行為學系主任亞當‧米可洛許教授（Ádám Miklósi）說，「這項研究記錄的資料來自相對較多的樣本數，有助於釐清這些狗的共同特點，也讓我們對於牠們的獨特能力又多了解一點。」

貓咪在猛撲前
為什麼要扭動身體？

貓咪有許多行為都還是難解的謎，這個問題也一樣。獅子和老虎等大型貓科動物在猛撲前也會晃動屁股，所以我們家貓的這種行為肯定是繼承了其野貓祖先。

有理論表示，這動作可讓後肢壓入地面，讓貓咪獲得更大牽引力，好在猛撲時推動自己向前。這可能是個讓肌肉作好準備或增強感官的熱身動作，也可能是興奮的表現。或以上皆是，但也可能完全不是這麼一回事。貓咪的行為就是如此神祕！

羊群大恐慌
的成因是什麼？

根據報導，1888 年 11 年 3 日數百座英國牛津郡（Oxfordshire）農場飼養的數千頭羊受到驚嚇，四處逃竄。隔天一早，人們發現羊群躲在數英里外的樹籬下。

兩週後，《泰晤士報》指出，「就算有上千人參與，也不可能使這一大群羊受到驚嚇，衝出圍欄」，因此排除了「人為蓄意破壞」的可能性。

　　1921 年，期刊《自然》上的一則文章表示，羊群恐慌可能是由閃電引起；但矛盾的是，暴風雨對羊群來說不是什麼新鮮事，也沒有因此恐慌。

　　羊群大恐慌的成因仍不明朗，但無論當下實情為何，真假訊息像傳話遊戲一樣迅速擴散，因此當時四處逃竄的羊隻到底有多少，真實數字仍令人懷疑！

公袋鼬為何不吃又不睡？

這當然有其理由。澳洲陽光海岸大學的研究人員發現，北方袋鼬（*Dasyurus hallucatus*）會為了追求每一個可能的交配機會而放棄睡眠和覓食，而且這種習慣恐怕會要了牠們的命。

北方袋鼬是體型跟貓差不多的肉食性有袋類動物，出沒範圍廣布澳洲北部。母袋鼬可以存活且繁殖的時間長達四年，公袋鼬卻很少活得到下一個交配季，研究人員長久以來一直苦思其中原因。

如今，一項新的研究指出，這種完成繁殖任務即死亡的情況，也就是所謂的單次繁殖（semelparity），可能是因為公袋鼬必須長途跋涉並省略睡眠，才能盡可能地增加跟自己交配的母袋鼬數量。

 334 種 全球現存有袋動物的種類。

 70% 有袋類物種有 70% 出沒在澳洲大陸，剩餘的 30% 在美洲。

 6公克 最小型的有袋類動物長尾侏袋鼬的體重。最大型的有袋類動物則是可達 90 公斤的紅大袋鼠。

　　「牠們會為了盡可能地爭取更多交配機會而長途跋涉，而且
這份動機似乎強大到足以令牠們放棄睡眠，投入更多時間來尋
找母袋鼩。」共同參與這項研究，在動物生態生理學領域擔任
資深講師的克里斯多佛・克萊門提博士（Christofer Clemente）

「快、跑跑跑……交配、跑，
現在就交配；快、趕快！」公
北方袋鼩過著整天趕趕趕的生
活，沒有時間進食或睡覺。

這麼說，「公袋鼬的健康狀況在僅僅一次的交配季結束後就衰退，這其中必有緣故，我們認為跟睡眠剝奪有關。睡眠不足所帶來的危險，在嚙齒類動物身上已經得到充分證明，而且我們在公袋鼬身上看到許多跟睡眠剝奪有關的特徵，但在母袋鼬身上並沒有發現這些狀況。」

研究團隊在袋鼬身上安裝追蹤背包，藉此在澳洲北領地外海的格魯特島（Groote Eylandt）上追蹤野外公母袋鼬的行跡。他們發現，公袋鼬的睡眠及休息時間比母袋鼬少，而移動距離比母袋鼬多出許多。

「我們命名為默默（Moimoi）和凱利斯（Cayless）的兩隻公袋鼬分別在一個晚上裡移動了 10.4 和 9.4 公里。根據平均步伐長度換算成人類的移動距離，大概是 35 到 40 公里。」領導這項研究的約書亞・蓋許克（Joshua Gaschk）說道。

此外，研究團隊發現公袋鼬健康衰退的原因還包括牠們清理毛髮和身上寄生蟲的時間變少了，省略進食也導致牠們體重減輕。研究人員現在還想要知道袋貂、袋鼬和袋獾等其他有袋類動物是否也會經歷睡眠剝奪。

企鵝怎麼防止
滑溜溜的魚逃跑？

在水裡，企鵝是敏捷的掠食者，追捕魚類和烏賊時就像魚雷一樣在海裡飛快穿梭。但牠們要如何防止滑溜溜的獵物扭動脫身呢？答案就在牠們的嘴裡。

企鵝的嘴和舌頭覆有向後彎的硬刺，稱為乳突（papillae），貓的舌頭也有這樣的特色，所以感覺起來像是砂紙。但你不會希望被企鵝舔上一口，因為這些硬刺不只大，還很尖銳（被舔一下很容易就流血）。這些刺能嵌住獵物滑溜的身體，幫忙把獵物送進企鵝的喉嚨裡。

企鵝的舌頭肌肉也很發達，因此企鵝可能會像人類一樣，用舌頭把食物推進嘴裡，撥弄口中的食物。然而，不同於人類，企鵝無法品嘗自己所吃的魚，因為牠們體內沒有負責品嘗甜、苦或鹹（鮮）等味道的基因。科學家認為企鵝之所以失去味覺是因為味覺派不上用場：除了因為牠們會直接把食物吞下肚，還因為在低溫環境下，負責將味覺訊號傳給大腦的蛋白質會失靈。

入住織布鳥國民住宅有何權利義務？

織布鳥（weaver）外型近似雀鳥，以擅長織巢而聞名。牠們利用打結的乾草編織獨特精緻的鳥巢，多數呈現球狀或類球狀，有時還設有管狀入口抵禦外敵。

住在南非的群織雀（sociable weaver）修築了一個巨大的共同鳥巢（如圖），幾乎淹沒了樹木本體（或者說電線桿）。這些分布各處、高聳參天的鳥巢有些能維持 100 年，可以成長至 10 立方公尺，為 200 至 300 對交配的群織雀提供舒適的家園。這些壯觀的鳥巢能保護居住其中的住戶免於極端的溫度變化，而每對鳥夫婦則住在獨立的瓶狀小隔間。

美國邁阿密大學的研究人員於 2016 年的一項研究中指出，投注時間修築共同鳥巢的鳥兒會經常攻擊部分自私的「巢友」，因為牠們投入過多時間整修自己的房間。受到教訓後，自私的鳥兒會轉而投入以鳥群利益為重的工作。

牠為什麼這樣！

杜鵑從哪學壞的？

杜鵑是非常擅於利用其他鳥的動物。母杜鵑會在別的鳥巢裡下一顆蛋，然後就拋棄後代，交給鳥巢的主人照顧。這隻冒牌貨孵化後，會把其他蛋或雛鳥推出巢外，同時模仿雛鳥的行為來爭取更多食物。被寄宿的鳥則會把杜鵑當成自己的後代養大。這種生存策略稱作托卵寄生（brood parasitism），但牠們並沒有跟在親生父母身邊長大，是怎麼學會這種策略的？

動物的行為受到成長過程與天性的影響，但以這個例子來說，重點在於基因。一般認為有許多基因會影響到托卵寄生的行為，而這些基因會從母鳥傳給雌性幼鳥。因此，影響雌鳥養育後代的基因（以及要偷渡到哪種鳥的巢）就會持續傳給下一代。

可以說杜鵑天性就很壞，但也可以把這當作只是牠們真實的樣貌：美麗而成功的一種鳥類，牠們不尋常的生活方式同樣是經過幾百萬年演化的結果。

牠為什麼這樣！

蛇為什麼翻跟斗？

熱帶生物與保護協會（ATBC）在期刊《熱帶生物學》（*Biotropica*）上發表的研究指出，專家首次在蛇類身上觀察到脊椎動物中極其罕見的「翻跟斗」動作。

鐵線蛇（dwarf reed snake）為夜行性爬蟲類，主要棲息地在泰國南部、新加坡至婆羅洲和周邊島嶼的東南亞區域。牠們多數時

間藏身葉堆或岩石和原木底下，然而這份新研究指出，牠們一旦遇到危險，會做出相當少見的脫逃動作：首先蜷曲成 S 形，接著用尾巴往地上一蹬，將身體向前甩，反覆執行起來就跟**翻跟斗**一模一樣。

根據研究紀錄，有一條鐵線蛇在五秒內足足**翻**了 1.5 公尺之遠。研究團隊認為，牠們還可能利用**翻跟斗**來驚嚇及迷惑掠食者，並趁機脫身。儘管一直有人宣稱鐵線蛇會翻跟斗，但這是首次有研究正式記錄蛇類做出此動作。

研究作者指出小型蛇類有許多常見的防衛機制，例如逃跑、偽裝、散發惡臭、作勢威嚇和裝死，因此他們相信還有其他小型蛇類會**翻跟斗**，尤其跟鐵線蛇同屬一科的蛇類更有可能，只是這些蛇類往往深居簡出，不易觀察。

 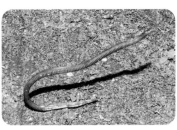 

↑ 鐵線蛇一旦遇到了威脅，會蜷曲成 S 形，準備逃脫⋯⋯

↑ 接著，用尾巴往地上一蹬，朝著相反方向甩過去⋯⋯

↑ 最後一個翻滾，完成動作，逃之夭夭。

昆蟲可以飛多高？

有翅膀的昆蟲所能飛到的高度受到三個因素影響：空氣密度、溫度和氧氣含量。這三點都和地球的重力會隨著高度增高而變弱、使空氣分子更為分散有關。相同體積內的分子越少，空氣就越「稀薄」，也就是密度越低。

隨著空氣密度降低，飛行也會變得越來越困難，因為昆蟲的翅膀可以推動的空氣會變少。

昆蟲和我們一樣，牠們也需要氧氣才能生存，但在離海平面六公里的高度時，氧氣含量會降到海平面的 50％ 以下，使得揮動翅膀變得更為困難。最後，分子的數量越少，表示分子撞擊產生的熱也越少。溫度隨高度的變化很複雜，大氣層中有些分層會比較溫暖，但從地表到離地約 10 公里處，溫度會穩定地下降到低於攝氏零下 50 度。

雖然面臨這麼多挑戰，有些昆蟲還是演化出能在高海拔地區飛行的生存策略。科學家在 2014 年發現，居住在海拔 3,250 公尺處的高山大黃蜂，會在高海拔改用不同的飛行方式，將翅膀揮動的弧度擴大，以便在更稀薄的空氣中飛行。

在實驗室裡，這些黃蜂可以在模擬九公里高度的空氣密度與氧氣含量下保持飛行，這個高度比聖母峰還高！但實際上，這個高度的氣溫會使黃蜂的飛行肌肉停止運作。

蜜蟻怎麼製造蟻蜜的？

蜜蜂並不是唯一會製造蜜的昆蟲，某些螞蟻也會。蜜蟻（*Componotus inflflatus*）生活在西澳大利亞和北領地的沙漠地帶，工蟻會從刺槐樹的花朵採收花蜜，把花蜜帶到地底下，餵給叫做「貯蜜蟻」（rotund）的特殊工蟻。

貯蜜蟻的工作就是倒吊起來並且只顧吃。這些胖嘟嘟的小昆蟲會被餵飽花蜜，腹部脹成跟小顆葡萄一樣，腹腔壁則被撐到極薄，幾乎可以看見裡頭的蜜。

這些名符其實的蜜罐子是因應苦日子的保險對策。一般工蟻若是把食物吃完了，就會撫摸貯蜜蟻的觸角，讓牠們把貯存的蜜反芻出來。牠們還會整理和清潔這些蜜罐子，確保這些活體貯藏室的狀況良好。

貯蜜蟻占蟻群的大約 50％，生活在陰涼的地下坑道裡。據說比起較為人所知的蜂蜜，蟻蜜較為稀薄，也沒那麼甜，不過仍富含抗氧化劑。

澳洲原住民非常珍視貯蜜蟻，他們挖掘貯蜜蟻食用已經有數千年的歷史，而且也將蟻蜜用於醫療上。

　　澳洲雪梨大學的研究團隊在向原住民取經之後，剖析蟻蜜的內容物，發現當中具有由好的細菌和真菌組成的微生物體，能夠對付不好的細菌和真菌。他們發現蟻蜜中的微生物體可以抑制金黃色葡萄球菌的生長，這種菌如果經由傷口進入人體會引發

可能致命的感染。另外，也可抑制麴黴屬和隱球菌屬的真菌，這兩種真菌也能夠對免疫系統受到抑制的人造成嚴重感染。

研究團隊希望能夠找到蟻蜜中具有抗微生物能力的特殊複合物，藉此進一步研發新的抗生素。

貯蜜蟻在做什麼？

1. 在比較大型的蜜蟻群體裡，會有一群螞蟻（大約占 50% 的勞動力）扮演著一種詭異的角色。
2. 牠們是「貯蜜蟻」，會倒吊在蟻窩地洞裡的天花板上。
3. 其他螞蟻會拿花蜜和其他含糖物質將貯蜜蟻的肚子餵得飽飽的。
4. 當貯蜜蟻的肚子因為被填滿蟻蜜而鼓脹起來時，看起來是半透明的橘色。
5. 蟻窩中的其他螞蟻會照顧並清潔貯蜜蟻，以保護牠們儲存的糧食。
6. 當食物不足時，其他螞蟻會抓抓貯蜜蟻，貯蜜蟻則將蟻蜜嘔出供其他螞蟻享用。
7. 貯蜜蟻因為體型過大而無法行動，有些甚至像顆小葡萄。

為何蜜蜂製造蜂蜜時不會搞得黏踢踢？

蜂蜜是糖與水的黏稠液體，營養成分豐富。共有八種蜜蜂可以生產蜂蜜，一般會放入蜂巢的巢洞並用蜂蠟封存，直到幼蜂需要餵食或成蜂需要過冬時才取出食用。如果巢洞受損，導致蜂蜜溢出，那麼蜜蜂確實會變得黏踢踢，甚至困於蜜中動彈不得。

英國薩塞克斯大學的蜜蜂專家戴夫·古爾森（DaveGoulson）曾親眼目睹此事，但也表示這種情形並不常見，「在我看來，牠們處理蜂蜜的時候非常小心，而且會細心清除任何黏稠的殘留蜂蜜。」

螳螂的大餐還是螳螂？

「同類相食有它的好處。」鑽研螳螂生殖策略，在德國漢堡大學擔任博士後研究員的內森‧柏克（Nathan Burke）說道，「對該物種的生長、生存和生殖都有改善。許多螳螂、蜘蛛和其他同類相食物種的不同之處在於，牠們的同類相食也能發生在交配的情境下，而且通常只有母的個體會吃公的個體。」

柏克對有些螳螂種類在交配前進行的摔角比賽尤感興趣，兩性個體用耙狀的前腳展開激烈的擒抱和揪扯。如果是母螳螂獲勝，那麼公螳螂的下場幾乎肯定是被吃掉。但若是公螳螂獲勝，那麼牠很有可能得到交配機會。在昆蟲界，性食同類（sexual cannibalism）何以如此罕見，仍是個爭論不休的話題。

「螳螂的特別之處在於牠們幾乎完全是伏擊型掠食者，並不會四處找尋食物，而是採取靜待食物上門的策略。」柏克這麼說明，「這種伏擊型的生活方式可能是性食同類的一種預適應（pre-adaptation）。」這或許可以解釋在蜘蛛等其他伏擊型掠食者的身上，為何也有同類相食的現象。

蜱蟲咬我怎麼辦？

目前有將近 1,000 種蜱蟲分布在世界各處，主要集中在溫暖、潮濕的區域。蜱蟲主要分成兩種：硬蜱和軟蜱。硬蜱多達 700 種，也是造成人類困擾的元兇。蜱蟲的口器上布滿鋸齒狀倒鉤，有利牠們刺穿皮膚、吸取鮮血。

　　蜱蟲在叮咬的過程中會透過唾液將微生物傳入人體血液，包含細菌、病毒和單細胞生物。部分感染蜱傳疾病的案例就是起源於這些「便車客」，而野生動物和牲畜也可能同樣遭到感染。

　　目前人體已知的蜱傳疾病近 30 種，包括落磯山斑疹熱（Rocky Mountain spotted fever）、巴貝氏蟲症（babesiosis）、萊姆病（Lyme disease）以及蜱傳腦炎。許多蜱傳疾病會引起發燒，另外還有復發和長期健康問題等。

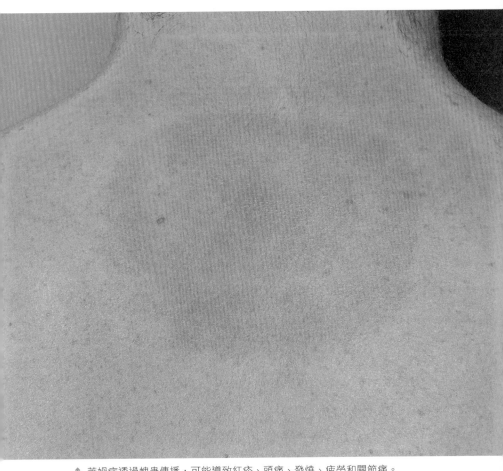

↑ 萊姆病透過蜱蟲傳播，可能導致紅疹、頭痛、發燒、疲勞和關節痛。

　　由於蜱蟲生活在野外，喜歡從事戶外活動的人們大概都有被蜱蟲叮咬的經驗。蜱蟲最常出現在草原，但林地也有牠們的蹤跡，尤其是森林周圍的長草叢。

　　蜱蟲會匍匐在長草上，等待如人類的大型動物經過，接著附著在動物身上，尋找裸露的肌膚。幼蜱非常微小，有時被稱為胡椒蜱，經常上百隻聚集在一枝草上、成為「蜱球」。如果在酷熱的地方經過草原，例如非洲大草原，那麼蜱球將是一種常見的危險。

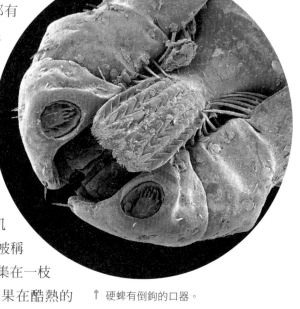

↑ 硬蜱有倒鉤的口器。

　　那麼該如何預防蜱蟲咬傷？首先，藉由衣物遮蓋皮膚：上身穿著長袖，衣服紮進褲子、褲子塞進襪子的穿法能蓋住任何裸露的肌膚，降低蜱蟲附著的機會。淺色衣物也能讓你更容易看見附在衣服上、想要找尋機會吸血的蜱蟲。

可以的話，盡量走在路徑的中間，避免走到草叢裡。使用含有DEET 的化學驅蟲劑並遵守產品指示也能幫助你遠離蜱蟲。隨時留意、檢查身上是否有蜱蟲附著，如果是團體行動，則互相幫彼此檢查。蜱蟲很容易從衣物上拍掉，但要小心不要將蜱蟲拍到別人身上。

如果已經被蜱蟲咬了，別讓蜱蟲的口器斷裂留在皮膚裡。最好以鑷子按壓蜱蟲頭部附近的皮膚，在貼近皮膚的位置夾住蜱蟲，再輕輕、穩穩地把蜱蟲從皮膚裡夾出來。之後用肥皂和清水清洗叮咬處，然後擦上消炎藥膏。

被蜱蟲咬到不代表一定會感染蜱傳疾病，因為蜱蟲引起的併發症其實相當罕見。不過，目前沒有方法可以得知每個人在被蜱蟲叮咬後是否會引發後續疾病。最好持續觀察傷口，留意健康狀況，如果出現了感冒症狀，或是身上出現如同標靶形狀的紅疹，那就應盡速就醫、告知醫師蜱蟲叮咬的經過。雖然標靶狀的紅疹是萊姆病的典型徵兆，但也只有約三分之一的病患出現該症狀。

殺死登革熱的新武器？

全球有半數人口陷入感染登革熱的風險，目前登革熱已是 100 個國家的地方性疾病。2000 至 2019 年間，登革熱感染病例數增加 10 倍，2023 年的感染病例數達到歷史新高。孟加拉、祕魯和布吉納法索也接連出現破紀錄的疫情爆發。

↑ 印度街上，工人正在噴灑驅蚊劑。

　　登革熱之所以又稱「斷骨熱」有相當充分的原因。雖然有八成病例是無症狀的，但症狀出現時包括了高燒、肌肉和關節疼痛、嚴重頭痛、眼窩疼痛、噁心及嘔吐。患者於感染四至 10 天後開始有症狀，可持續兩天至一週。登革出血熱，或稱重症登革熱患者會出現嚴重腹痛、持續嘔吐、牙齦或鼻腔出血、糞便或嘔吐物中帶血、皮膚蒼白冰冷及

疲倦等症狀。由於沒有抗病毒藥物，治療中心只能緩解症狀。

　　遭帶有登革病毒的雌埃及斑蚊（*Aedes aegypti*）叮咬是感染登革熱的途徑。埃及斑蚊是熱帶及亞熱帶地區常見的蚊種，源於西非的森林地區，因非洲奴隸貿易擴散至全球，此後不斷隨著人類移動及貨物運輸開疆闢土。

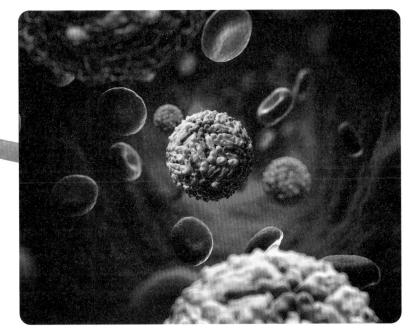

↑ 登革病毒在血液中流動的想像圖。

偏好吸食人血的埃及斑蚊相當適應與人共處的生活，可謂高度都市化的蚊種。靜水為雌蚊提供了產卵地點，也為在水中生活的幼蟲及蛹提供棲地，因此在蚊類的生活史中占有關鍵地位。埃及斑蚊會利用垃圾、舊輪胎、花盆等人造容器中的積水進行繁殖，可說人類向來是登革熱病媒蚊邁向成功的主要動力。

氣候變遷助長了這種由蚊子傳播的病毒疾病，導致爆發規模變得更大，爆發之間的間隔期變得更短，傳播期變得更長。氣候模型研究預測登革熱將傳播到氣候更溫和的地區，使更多人面臨風險。如今，「世界蚊子計畫」（The World Mosquito Program）的工作人員正試著利用細菌來解決這個問題。

世界蚊子計畫提出了一種既非化學性，也非以基因改造為基礎的登革熱防治方法。那就是利用一種自然存在於許多昆蟲體內，但埃及斑蚊體內沒有的細菌：沃爾巴克氏菌（Wolbachia）。

世界蚊子計畫發現讓埃及斑蚊「感染」沃爾巴克氏菌，可阻止登革熱病毒在成熟的雌蚊體內發育，而在釋放帶有沃爾巴克氏菌之埃及斑蚊的地方，登革熱病例也明顯減少。就邏輯觀點而言，這種防治方法應該能夠自我維持下去，因為它會傳給卵，因此可以在野生族群中傳播。

有鑑於埃及斑蚊還能夠傳播茲卡病毒及屈公病毒，世界蚊子計畫已開發出一種具備「三效合一」潛力的方法來進行蟲媒病

毒的防治。

　目前，氣候變遷的軌跡朝氣溫上升跟降雨模式改變的方向前進，有利於這種可怕的小昆蟲和其體內所攜帶的病毒。因此，我們需要盡可能地擴充武器庫來對抗威脅全球日益嚴重的登革熱。

↑ 感染登革病毒的雌埃及斑蚊透過叮咬傳播登革熱。

蜈蚣和馬陸
誰跑比較快？

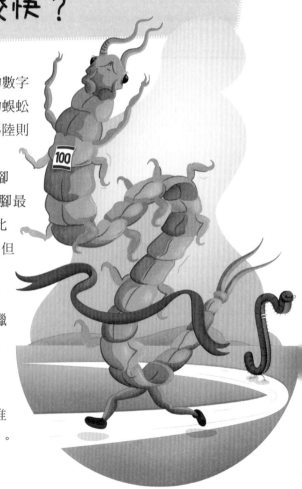

蜈蚣快很多。確切的數字很難說，但一般的蜈蚣跑得和蜘蛛差不多快，馬陸則比較接近螞蟻的速度。

這背後的原因和牠們腳的數量完全無關，即便腳最多的蜈蚣有 384 隻腳，比典型的花園馬陸還要多。但蜈蚣幾乎都是掠食者，而且牠們的腿都是從身體側面長出，在追逐獵物時可以做出快速、像划船一樣的動作。馬陸的腿很短，長在身體底下，這樣在土堆和腐葉堆中爬行時的抓地力比較好。

有沒有天然的蛞蝓驅除藥？

雖然效果比不上園藝店裡賣的高強度化學產品，但可以結合以下幾種策略。

首先，安裝一些蛞蝓不想或無法跨過的物理障礙物。碎蛋殼會刺激蛞蝓柔軟的底部、木灰會使身上的黏液變乾；在花盆邊邊貼上一圈銅條，則會造成蛞蝓的黏液受到微弱的電擊。

接下來讓容易受到影響的植物身邊充滿蛞蝓不喜歡的物種，像是濃密、有香氣的植物，例如薰衣草和迷迭香，以及石蒜科的植物（洋蔥、大蒜、蝦夷蔥之類）等。石蒜科的植物會製造出大蒜素，蛞蝓吃了之後會中毒。

事實上，很多有機園藝家會用自製的大蒜液來處理這個問題。自己做的話只要用一兩公升的水煮兩顆大蒜、把煮出來的溶液過篩後大量噴灑即可。記得每週或下雨後要重噴一次。

蝸牛走那麼慢
在演化上有優勢嗎？

蛞蝓和蝸牛都會使用「腹足」（位於身體下側布滿黏液的肌肉）以一公尺上下的時速移動，這個腹足會分泌黏液，並透過肌肉波動來牽引前進。這個移動機制原本就很慢，再加上黏液分泌量有限，想快也快不起來。

不過，對蛞蝓和蝸牛來說，移動緩慢未必是問題，畢竟牠們主要是攝取不會動的食物來源（植物或屍體）。即便遇到掠食者，牠們的啞色調身軀也有助於融入環境偽裝，而且蝸牛還可直接躲回殼內避敵。

古代蝸牛毛毛的？

這塊在法國自然史和民族誌博物館展出的琥珀大概不是來自於侏羅紀，也不含有恐龍基因，但裡頭卻藏有一隻非常古老又非比尋常的蝸牛。

2022 年 10 月發表的研究將這隻被保存下來的蝸牛命名為 *Archaeocyclotus brevivillosus*，是一種以往未知的物種，歷史可追溯到約 9,900 萬年前，特徵是毛茸茸的外殼。包住蝸牛的琥珀則是 2017 年發現於緬甸胡康谷（Hukawng Valley）。

人們至今已於「緬甸琥珀」（Burmese amber）中發現了兩千多個物種，其中包括有尾巴的蜘蛛和長了腳的蠕蟲。

魚為什麼長成魚的形狀？

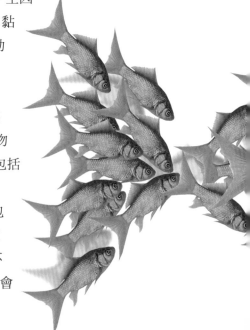

經典的魚形身體包括壓扁的淚滴狀身體、尖尖的鼻子與錐狀漸縮的尾巴，這是一次次演化的結果。鮪魚、鯊魚、馬林魚、秋刀魚和其他各種花很多時間游泳的魚類，都是長這個樣子。這種形狀之所以這麼常見，主因是水的密度是空氣的 800 倍，其黏度也高得多，這表示要在水中移動需要的能量也多得多。

這種魚形的外形又叫紡錘形，讓物體能切過水中，並將製造出來的阻力降到最低。這是游泳動物最省能量的外形，除了魚之外也包括海豚、鯨魚和已經絕種的魚龍。

經典魚形身體的其他部分還包括鰭，尤其是寬大的尾鰭，用來左右搖擺以製造推進力。具備不同游泳習性的魚，其尾鰭形狀也會

不一樣。鮪魚等高速魚種的尾巴常常呈線叉形或新月形，適合長距離持久游動。石斑魚和梭魚等的尾鰭則會比較寬，這樣要在水中推進比較費力，但很適合在短距離埋伏獵物時，提供快速短暫的爆發力。

當然，魚有許多不同的生活方式，不是每一種都以游泳見長。慢速和靜態型魚類就有多種別的形狀，包括 S 形的海馬、四隻腳的躄魚和方形的箱魨等。

誰在水底畫麥田圈？

幾 年前在日本南方的亞熱帶海域，有潛水員發現沙質的海床上雕著龐大的地理特徵。這些圓圈約兩公尺寬，由兩個同心環組成，中心還有輻射狀的線條往外延伸。當時這可說是水中版的麥田圈之謎，沒有人知道是誰或什麼東西製造出這樣的形狀。

後來終於有一群科學家看到海床藝術家工作的樣子。他們發現有一隻小的公窄額魨（*Torquigener*）在沙質海床上衝來衝去，同時抖動牠的鰭，畫出沙地上的圖案。之後他們又看到更多這種魚出現在海床上畫圓圈，每一隻都採用類似的步驟。

首先，公魚會畫出基本的圓形，然後從不同的角度往圓心游，畫出裝飾的稜線。接下來牠會以隨機的抖動線條點綴圓內的空間。最後，這隻公魚還會收集死掉的珊瑚與貝殼，替自己的海床創作加上最後的裝飾。這整個過程至少需要一週才能完成。

當母窄額魨出現、開始檢查公魚的創作時，這些形狀的目的就很明顯了。原來這些形狀是一種巢。圓形的設計似乎能讓新鮮的水流進入巢的中央，因此不論水往哪個方向流，新鮮而富含氧氣

的水都能進入中間的產卵區，建立讓卵孵化的理想環境。

　　如果有一隻母魚喜歡這座巢的設計，牠就會在中間產卵，然後離開，讓公魚留在這裡大約六天，保護巢和裡面生長中的卵。這個過程中，整個創作會慢慢崩解、被水流沖走。公魚每次想要吸引新的伴侶，就必須做一座新的巢。

鯊魚的牙齒怎麼工作？

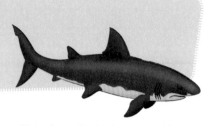

鯊魚是海洋中的頂級掠食者。世界各地的水域中潛伏著約500 種大小、飲食習慣和行為各異的鯊魚。牠們有著不同的牙齒形狀和大小，有歐氏尖吻鮫（goblin shark）銳利的針狀牙齒、有扁鯊適合用來磨碎食物的扁平牙齒，也有大白鯊這種毀滅性的剃刀利牙。而已滅絕之巨齒鯊的牙齒是所有已知鯊魚中最大的，其三角形的巨牙長度超過 17 公分。

成年人要是失去一顆牙齒，就只能靠牙醫來植牙了。而鯊魚卻可以終生換牙，牠們很需要。真鯊是鯊魚中最大的目，包括雙髻鯊和虎鯊，牠們一生中會掉落大約 3.5 萬顆牙齒。鯊魚在與獵物搏鬥時，牙齒經常掉落或損壞，但好在鯊魚有好幾排牙齒，一前一後成列排著。有牙齒脫落時，後面一排相應的牙齒就會向前移動取而代之，更後面的牙齒也會向前移動，就像是一條牙齒輸送帶。

研究貓鯊的科學家們在鯊魚的嘴裡發現了幹細胞袋，這些幹細胞可以分裂產生更多專門的新細胞，最終形成輸送帶上的牙齒庫存。人類身上也有類似於控制此過程的基因，所以現在科

學家們也想知道，是否能調整這些基因在人類身上的活動，好
幫助我們重新長出失去的牙齒。

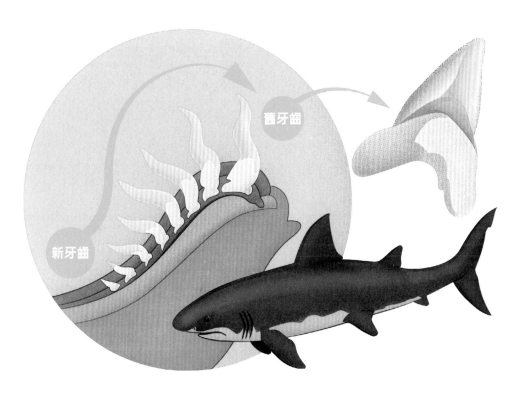

舊牙齒

新牙齒

究竟是哪位牙醫把人類牙齒裝到魚的嘴裡？

誰把這些怪牙齒裝到魚身上的啊？真該被告……你說什麼？這是生物演化的結果？是自然淘選下的產物？這世界到底怎麼了！

羊頭魚（戴著阿嬤假牙的大嘴比利魚）渾身布滿閃亮魚鱗，出沒在西大西洋的淺水海域，從加拿大東南岸的諾瓦斯科細亞（Nova Scotia）至巴西都找得到。羊頭魚屬廣鹽性物種，可適應不同鹽分濃度的環境。牠們一般棲息於沿岸海域，但偶爾也會游至較暖的淡水區域過冬。在過去，人們可以在美國布魯克林的羊頭灣（Sheepshead Bay）看到羊頭魚的蹤影（羊頭灣因此得名），只是後來水域污染嚴重，牠們就此消失。

沒人知道為什麼羊頭魚的重點明明在於牙齒，卻取了「羊頭」這個名字，但有人認為牠們圓鈍的突出口鼻和近乎水平的魚嘴看

起來跟羊如出一轍。此外，牠們灰黑相間的魚鱗也為自己帶來了
「囚犯魚」的綽號。如果把羊頭魚關進監獄，牠們在穿著條紋囚
服的犯人之中肯定是「如魚得水」。

　　羊頭幼魚體型小且無牙，專吃海生蠕蟲和植物等較軟的食物。等牠們身長至五公分左右便會逐漸長出牙齒，且能捕食更強壯且帶殼的獵物，例如藤壺、蛤蜊、螃蟹和牡蠣等。

　　成年後的羊頭魚身長可至 75 公分，上顎有三排牙齒，下顎則是兩排牙齒，靠前的門齒較為銳利，後方則偏向圓扁臼齒，用於磨碎食物。不僅如此，這些牙齒內有鈣化齒質，外層則覆有類似琺瑯質的物質，相當堅硬。

　　這些近似人齒的構造是因應羊頭魚的雜食習性而生。自然演化之所以賜予牠們如此多樣的牙齒，是為了讓牠們能夠咬、壓和磨，藉此獲得豐富的食物來源。根據觀察，羊頭魚會捕食超過百種生物，這些牙齒就是此物種能夠存續的一大因素。

　　另一大因素是羊頭魚的肉不多，而且背上硬棘相當扎手，不容易去骨處理。所以儘管其肉質甜美、口感薄嫩，商業漁船仍往往會鎖定其他更具經濟效益的魚類，例如紅鼓魚。當然，這件事並非不會改變。羊頭魚目前的數量雖相對充裕，但隨著紅鼓魚和其他當地魚類數量下滑，有人擔心牠們將成為下一個目標。

　　話說回來，如果你哪天真碰上了羊頭魚，也不必擔心，牠們不會咬人。除非你是蛤蜊或牡蠣。

深海海參怎麼漂來漂去的？

海參是海膽和海星的親戚，通常緊貼著海床，一動也不動。不過，深海海參的行為則有些不同。

一種名為浮游海參（*Enypniastes eximia*）的海參身體可透光，體色像紅寶石一樣，在深海的溫和海流中悠游漂盪。牠有膜的管足會優雅地擺動，推動身體前進，其模樣狀似佛朗明哥舞者飛揚的裙擺，因此又暱稱為「西班牙舞者」（Spanish dancer）。另一個小名則是「奇異夢想家」（remarkable dreamer），是從學名直譯而來的。

除此之外，浮游海參還有個詭異的別名叫做「無頭雞怪」（headless chicken monster）。牠的確長得有點像被丟到深海中、毛被拔光的家禽遺骸，甚至連尺寸都差不多，長約 25 公分。牠的身體上有一處看起來像頭被砍去後的頸子，其實那裡是牠的口部，周圍環繞著一圈掠食用的觸手。

浮游海參降落在海床上時，會用這些觸手將海底沉積物送入口中。和其他海參一樣，浮游海參以堆積在海床上一落落的海洋雪花（marine snow）為食。這些海洋雪花由從海面落下的生物碎屑組成：死亡的浮游生物和糞粒等經黏性極強的微生物「膠水」黏合，形成毛茸茸的聚合物。

這種會游泳的海參是 1870 年代挑戰者號（HMS Challenger）在進行著名的海洋遠征時，船上的科學家發現的。浮游海參的分布地點橫越全球海洋，包括南極洲周圍海域；深度從 500 到至少 6,000 公尺處都能看到牠們的身影。

浮游海參身體大多由水組成，十分脆弱，活體標本很容易在捕捉網中受損，因此一直到本世紀，科學家才透過遙控深潛機器人配備的攝影機，第一次看見浮游海參活體，確定牠們在水中真正的模樣。

因為體內含水量高，浮游海參擁有平衡浮力（neutral buoyant），不用花費太多力氣，就能離開海床，在海中游泳，

這是在食物匱乏的深海中非常關鍵的生存策略。透過透明的體表，我們可以看見牠捲曲、充滿淺色沉澱物的消化道。

浮游海參通常在動身進入水層之前會先清空腸道，就像乘坐熱氣球時，移除配重用的沙包一樣，擠出一坨吸收完養分的沉澱物便便。浮游海參因此在生態系統中扮演重要的角色，就像蚯蚓之於陸地土壤一般，浮游海參翻動海床，使其疏鬆透氣。

和很多深海動物一樣，浮游海參的身體可以發光，而這是在黑暗中漂浮時，另一項重要的生存策略。如果什麼生物不小心撞到浮游海參，牠充滿膠質的體表便會像一朵發光的雲，一閃一閃地發亮，其作用就像防盜警報器一樣，能照亮撞上牠的生物，吸引對手的掠食者前來，而浮游海參本尊就可以趁機游走，保護自身的安全。

在實驗室中針對浮游海參活體的研究發現，牠們的體表可以快速再生，且能保留在黑暗中發光的能力。

北海巨妖真的會攻擊路過的船隻嗎？

挪威海怪克拉肯（kraken）起源於 17 與 18 世紀交界時期的斯堪地納維亞傳說，而關於這種會摧毀船隻、貌似章魚的巨大生物早就在世界上流傳已久，以下這兩種巨大的深海魷魚或許能為傳說起源提供解答。

科學家於 19 世紀末首次發現身長能達 13 公尺長的大王烏賊，而 20 世紀初期又發現了南極中爪魷，牠的身長能達到 10 公尺。由於這兩種生物都住在深海，研究難度很高，因此科學家對牠們的習性所知略少，不過從目前的胃部內容物分析報告看來，牠們的掠食對象大多是魚類和小型魷魚，而非海上的水手。牠們主要的天敵是抹香鯨，鯨魚身上的吸盤痕跡暗示著頭足綱和鯨豚類曾經上演的激烈大戰。

儘管體型碩大，這些魷魚通常沒有攻擊船隻的能力或傾向。然而也不難理解為何當時的水手看見這種深海巨妖會感到恐懼。

牠為什麼這樣！

章魚有多少隻觸手？

答 案是零。章魚的英文名稱 octopus 來自其「八個肢臂」，通常稱為觸腕。魷魚和烏賊等章魚的近親則有八個觸腕加上兩根觸手（tentacle）。觸腕跟觸手外觀不同，作用也不一樣。觸手會向外以末端吸盤捕捉獵物，觸腕則是上上下下都有吸盤，且可用於感知周遭環境、搜尋食物，有時甚至會協助移動。

有人說章魚的觸腕是「六隻手、兩隻腳」，但這個說法過於簡略，因為這八個觸腕可都是多才多藝。不過，章魚仍偏好用特定的前觸腕來觸碰事物，並用兩個後觸腕移動。

草莓為什麼是紅色？

草莓鮮美的紅色來自於花青素（anthocyanin），而將一些秋葉染紅的也是同一種水溶性色素。

研究已發現草莓含有超過 25 種不同的花青素，其含量因品種而異。主要的一種是呈鮮紅色的天竺葵素 -3- 葡萄糖苷（pelargonidin-3-glucoside），其次是矢車菊素 -3- 葡萄糖苷（cyanidin-3-glucoside）。以紫外線照射摘下的草莓也會增加花青素的含量。

實驗室檢驗顯示花青素是強大的抗氧化劑，具有促進健康之效，可降低心血管疾病的風險，也有抗癌特性。然而，我們很難準確評估這些物質在人體中消化後的活性如何。部分研究指出，野草莓比商業品種具備更高的抗氧化活性。

南瓜為什麼可以長到這麼大？

得獎的南瓜會越來越大，都是因為仔細的育種、充足的成長空間和大量的水。目前的紀錄保持者是義大利的史提凡諾・庫楚皮（Stefano Cutrupi），他種出了一顆重達 1,226 公斤的南瓜。

南瓜會在比其他瓜類植物（例如小黃瓜）長得多的細胞分裂期中快速成長。分裂後，細胞會花最多兩個月長大，使南瓜的細胞比其他果實都大。而像「大西洋巨人」（Atlantic Giant）等特定品種的南瓜，其基因上就可以長到非常大的尺寸。

南瓜的成長還受惠於擁有更多韌皮部，這種組織可以將糖分運送到成長所需的部位。而得獎的南瓜農目前還沒辦法克服的問題，就是南瓜長得太大之後，會因為重量而無法保持形狀，最後將底部壓扁。

怪誕蟲的上下頭尾究竟哪個是哪個？

科學家首次研究這種外觀怪異、長有硬棘的類蟲生物化石時，完全分不清這個生物的「上下前後」。

顧名思義，怪誕蟲（*Hallucigenia*）的外表既荒誕又奇幻，體積則約莫是人的指頭大小。牠們是距今約 5.08 億年前寒武紀時期的海洋生物，屬於泛節肢類動物，後代包括有爪動物、緩步動物和節肢動物。

1977 年，英國古生物學家西蒙・康威・莫里斯（Simon Conway Morris）判斷怪誕蟲擁有七對如硬棘般的下伸足部，且有七對頂端開叉的上伸觸手。但專家分析更多標本後，最終「翻轉」了這項詮釋：原來那些「觸手」其實是具有爪部的附肢，而「足部」則是向上延伸的硬棘。

怪誕蟲的「上下」搞清楚了，但仍然沒人知道牠的「首尾」何在。2010 年代，專家運用現代顯微術，很快發現化石前後端

中較長的那端存在一對單眼和一個嘴巴，證實了頭部的確切位置。並在怪誕蟲的頭部後方發現三對至今作用不明的附肢，且發現牠們的足部並無關節。一般認為怪誕蟲是藉由改變附肢內的液體壓力來行走，跟海星差不多。

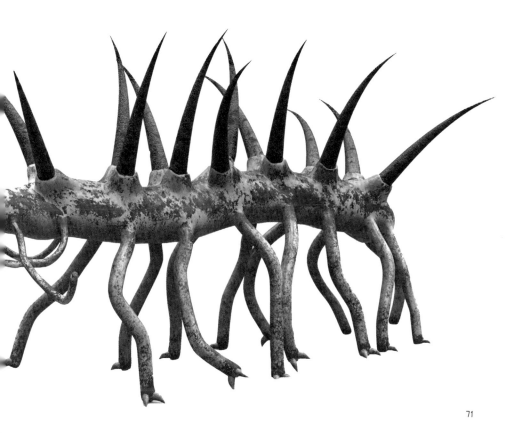

樹的極限高度是多少？

世界上最高的樹是美國加州一棵高達 116 公尺的紅杉。科學家認為這棵樹已經很接近樹高的極限了。

樹在水與養分充足、陽光競爭又激烈的環境可以長到非常高，但長得越高，重力的影響就越大。

植物和樹木需要透過木質部把水分運送到葉片上，才能進行光合作用。如果水分不足或重力太強，木質部可能會破裂，形成可能致命的氣泡。這問題會使樹木的高度有個上限，而這個上限理論上應該在 122 到 130 公尺之間。

霸王龍要吃多少人才會飽？

成年的霸王龍重約七噸。現代的鱷魚每週會吃掉相當於自身體重 5% 左右的食物，獅子等溫血掠食者每週則需要吃到 25%。霸王龍的代謝狀況應該介於兩者之間。所以如果我們假設霸王龍每週需要吃體重 15% 的食物，那就相當於每週要吃超過一噸的肉，也就是每天要吃兩個人左右。

實際上這種頂級掠食者吃東西沒有辦法這麼定時，因此霸王龍可能要餓肚子一個月，然後一口氣吃掉一整輛公車的時空旅行觀光客。

恐龍死去的那天發生了什麼？

由羅伯特‧德帕瑪（Robert DePalma）領導的古生物研究團隊日前在美國北達科塔州進行挖掘時，發現了一條恐龍腿的化石。這件事並不稀奇，因為此處長期以來一直被認為埋藏著豐富的化石。但這條腿的主人，也就是這隻奇異龍（Thescelosaurus），被認為是死於大約 6,600 萬年前消滅恐龍的小行星撞擊中。

這條腿在化石紀錄中因此而顯得獨一無二。事實上，直到幾年前，都還沒有發現生活在小行星撞擊前後的化石。雖然來自該事件的碎片和灰燼在岩心樣本中是薄薄一層被稱為 KT（或 K-Pg）邊界的深色沉積物，但在緊挨其後的地層中從未發現過化石，這些地層代表了 100 萬年左右的演化過程。

因此，理論上來說，恐龍可能在撞擊的幾千年前就已經滅絕了。但在 2013 年，德帕瑪於美國地獄溪（Hell Creek）地區進行挖掘時，發現了埋在同一地層中的魚類化石和微小的玻璃球粒。在小行星撞擊地球之後，撞擊坑裡有許多物質以汽化或熔岩的形式被拋射進入大氣層，冷卻及固化後形成閃耀著光芒的

玻璃球粒，再像雨滴似地落回地球表面。德帕瑪發現這即是滅絕事件的一幅地質快照。此後，他在這個機密的遺址發掘了更多的化石，並將其命名為坦尼斯（Tanis）。2019 年，德帕瑪發表了他的研究成果，在古生物界引起軒然大波。

然而，後來發現的那條恐龍腿也許更是改變了遊戲規則。它被發現於化石碎片中，而這些碎片據信是在小行星撞上現今的墨西哥猶加敦半島後被巨浪沖到那裡的。

大約 6,600 萬年前，一顆
小行星撞上了現在的猶加
敦半島。這次撞擊將塵土
和碎片拋入大氣層，引起
全世界廣泛的氣候變化，
改變了地球的演化途徑。

「1.5 公尺厚的湧浪沉積物受到了噴出物的限制，從化學和放射性來看，這些噴出物和希克蘇魯伯撞擊事件有關。」德帕瑪的博士生導師，英國曼徹斯特大學古生物學家菲利浦·曼寧教授（Phillip Manning）說，「這條恐龍腿化石是相對膨脹的，因為它的肌肉受到皮膚包覆的限制，而皮膚幾乎沒有腐爛、塌陷或崩潰的跡象。這隻恐龍可能在撞擊前就已經死了，但時間不超過幾天。不過，考慮到沉積物中發現了其他軟組織，至少這些動物的確是被這次的事件埋藏起來的。」

德帕瑪和團隊認為，這條腿是被巨浪攜帶的岩石和樹木從恐龍的身體扯下來的，最終沉積在距離撞擊地點約 3,000 公里的地方。

並非所有人都相信這塊化石的年代真有如此準確，而且相關研究還在持續。然而，如果德帕瑪是正確的，我們在不滿 50 年的時間裡，從 1970 年代首次提出滅絕恐龍的小行星的理論，直到發現被撞擊的真正受害者，這確實是很了不起。

哪一種恐龍最可能稱霸現代世界？

今天確實也有恐龍存在，就是我們看到的鳥類。

鳥類是從恐龍演化而來的，也屬於恐龍家族的一分子，因此技術上來說，確實可以說有一些恐龍活過了 6,600 萬年前的小行星撞擊，並靠著快速生長、能食用種子的生物機制和能飛離危險的能力存活至今。如今約有大約 1.4 萬個物種蓬勃發展著，但絕種的恐龍呢？牠們當中有很多說不定真的可以在現代的世界上生存。

恐龍稱霸世界的時間有 1.5 億年，過程中牠們承受過各種冷熱不同的氣候、火山爆發和海平面變動。今天的世界其實並沒有什麼會害死牠們的東西。話雖如此，恐龍時代與今天最大的不同，就在於現代的地球比當時冷得多，南北兩極都有冰帽。

較為涼爽的氣候通常對大型動物有利，因為牠們的身體比較容易保存體溫，有毛髮或毛皮保護的小型動物也能享有保暖上的優勢。這表示長頸的蜥腳亞目恐龍與小而長有羽毛的迅猛龍及其同類，在今天的世界將會格外具有生存優勢。沒有羽毛的小型恐龍則可能會最為脆弱。

牠竟然會這樣！

狗狗是真心愛你還是愛你的食物？

在研究非人類動物的科學家發表的論文中，絕對不會出現「愛」這個字。但大多數動物行為科學家之所以會受此主題吸引，卻是因為牠們對動物懷有持久又深刻的興趣。然而幾代以來研究人員所接受的訓練，都是要避免使用像是「愛」這樣的擬人化字眼來描述非人類動物可能會有的感受。

確實，擬人論（以描述人類的詞語來描述非人類的行為或特質）的使用長期以來一直不為動物行為領域所喜。因此，研究人員談論的是「氣質」而不是「個性」、是「正向認知偏誤」而非「樂觀」。

不過這種反對將人性化詞語用於非人類的硬性規定正在鬆綁。一部分原因在於有些詞彙確實很適合用來形容動物行為，此外，我們在演化上也已找到很充足的理由可以相信非人類動物與人類並非完全相異。

只要是觀察過狗狗的人都很清楚，牠們的行為可說是「過度熱愛交際」或「專注社交」；或稱為「過度深情」；要不然也能叫做「愛」。那麼，該怎麼辨識「愛」這樣的人格化概念？在研

究沒有語言能力表示「是的，我感受到愛」的物種時，可以用
何種行為或神經學特徵來定義？目前行為測量（有哪些行為看
起來像是愛的表現）和生理測量法（身體有哪些變化類似於我
們迷戀某人時的身體變化）都分別給出了答案。

如果你有養狗，你可能聽說或體驗過分離焦慮：你不在時
狗狗表現得痛苦、焦慮，甚至破壞東西，這種症狀就是種過度
的依戀形式。分離焦慮一詞最初本來是用來描述母子之間的關
係，而這樣的現象也發生在人與狗的關係之中（儘管並無章法
可言），與人和人之間的關係看來是一樣的。

有一派研究探討犬隻對人類情緒狀態的敏感度；比如說，牠
們會在我們哭泣或沮喪時靠近我們。這種行為看起來也像是愛
的表現，雖然我們尚不清楚狗
狗是想安慰我們，或只是
擔心我們散發出的不尋
常荷爾蒙或聲響。

另一方面，有些看起
來充滿愛意的行為（例
如問候時的「親吻」）
雖然很可能是用來表達
鍾愛之情，但也同樣可能

是一種演化上殘留的行為。狗最親近的祖先：狼，就會用這樣的「親吻」來迎接狩獵歸來的狼群；這的確是一種問候，但也是在要求獵手吐出一些牠們剛剛吃掉的野牛。

從生理學角度來看，則可以觀察心率、荷爾蒙及大腦。有項小型研究便以關係特別密切的人與狗為觀測對象，研究人員提供他們心率監測器，將兩者短暫分開再相聚。狗和人團聚時，雙方的心率都下降了，下降的程度甚至看來一致，可說是心心相印。

另外還有種叫作催產素（oxytocin）的荷爾蒙，它是種神經肽，是作用於大腦的化合物。催產素對人類有特殊的作用，被認定是父母與嬰兒建立聯繫的神經原因。犬隻的研究人員發現，催產素也會影響到狗與人的聯繫。人與狗只要互相凝視，雙方的催產素水準都會上升。兩者間的聯繫越牢固，效果就越大。狗狗光是和主人待在一起，催產素就會上升。

當我們看著或想著所愛之人時，大腦中並沒有特定的區塊會特別活躍。但有功能性磁共振造影（fMRI）顯示，狗狗無論是看到喜歡的東西（熱狗），或是聽到主人稱讚自己的聲音，獎勵中心（腹側尾狀核〔ventral caudate〕）都會偵測到活動。這雖然稱不上是完美的解釋，但至少表示我們在狗狗心中的地位至少和熱狗齊平。

話雖如此，狗狗可不是傻瓜。正如我們所定義，在典型的人狗關係中，人類負責食物，狗則必須等待我們分發食物（無論有無耐心）。狗非常善於建立聯繫，所以牠們很快就會將你與伙食建立連結。那些為了吃而聽從吩咐的狗狗可不是現實，牠們只是很識時務罷了。

彩虹松鼠 為什麼長得這麼招搖？

晃著栗狀腦袋瓜兒，全身散發閃耀的特異七彩，這隻華麗搖滾囓齒類肯定是在釋放牠內心的 Ziggy Stardust（英國籍歌手大衛·鮑伊〔David Bowie〕早年的雌雄同體舞台形象）。

名符其實的「彩虹松鼠」又名印度巨松鼠（Malabar giant squirrel），為印度中部與南部的林冠增添了幾許令人歡欣的生機活力。相較於英國的松鼠，彩虹松鼠真的很巨大，成鼠重達兩公斤，相當於小型的吉娃娃，身長從頭到尾長達一公尺。牠們一生大多數時候離地生活，在相距六公尺的樹枝之間跳來跳去，把核仁跟種籽貯存在樹裡而非地下。

一定要問的當然是：牠們為什麼要這麼招搖？彩虹松鼠如此誇張的裝扮，自然會成為大冠鷲以及美洲豹等掠食者的目標，對吧？其實，沒有人真的知道是否如此，這也有可能是某種偽裝，就像軍用迷彩那樣運用模式與對比色塊，讓穿戴者混入背景之中。彩虹松鼠身上的對比色塊，也有可能讓牠在林冠的斑駁馬賽克裡「消失不見」。抑或這套衣裝能夠幫牠吸引伴侶也說不定，畢竟搖滾天神很有性吸引力嘛！

牠竟然會這樣！

麑鹿的存在感有多強？

麑鹿常見於英國鄉村，是英國最小型的鹿種，身高與中小型犬相近，臉上有兩組會張大、膨脹的氣味腺體，甚至能從裡頭往外翻，就像充飽了氣的氣球。

這些氣味腺體在放鬆時，看起來不過就是臉上的小腫塊，但也是麑鹿互相交流、溝通的重要工具。氣味腺體擴張時，會分泌一種專屬的化合物，能夠傳達各種資訊：性別、年齡和生殖狀況，還有牠們整體的身心健康及社會階級。麑鹿會用臉磨蹭樹幹（或其他物體）來釋放氣味，就像發名片一樣，向森林中的其他生物宣告自己的存在。

麑鹿也有多種發聲方式，從柔和的咕嚕聲到類似人類尖叫的聲音都有。牠們也被稱為「會吠的鹿」，因為牠們會發出大聲、宏亮（又重複）的吠聲，聽來有點像大聲的咳嗽。

這種吠叫是麑鹿特有的聲音，牠們的體型雖然嬌小，嗓門卻相當大。這種聲音通常是用來宣示領地，雄麑則會以吠叫來吸引雌性或驅離掠食者。如果你住在麑鹿家附近，先警告你一下，這種吠叫可能會持續好幾個小時……

高鼻羚羊的集體死亡事件是怎麼回事？

牠們那可以過濾和溫暖空氣的雙管長鼻雖然怪異，但還比不上發生在 2015 年 5 月的集體死亡事件，這時候正值牠們的繁殖期。

大批高鼻羚羊當時群聚在哈薩克中部的草原，慢條斯理地吃著草，等待母高鼻羚羊產下雙胞胎（有時也有單胞胎）。突然之間，這些羚羊卻紛紛步伐踉蹌、倒下死去，而且無論長幼。只不過短短幾週的時間，便有 20 萬隻左右的高鼻羚羊（約等於全球群體的六成）喪命。

高鼻羚羊在中亞的偏遠草原上生活已有成千上萬年。19 世紀時，高鼻羚羊時常遭到盜獵取角，數量因而減少。生態保護人士花了數十年才讓高鼻羚羊數量回升，結果卻突然發生如此大規模的死亡事件，不免讓他們既震驚又困惑。

專家為此解剖驗屍，並且採集血液與組織樣本進行分析。他們認為可能的成因是病毒，或者跟哈薩克拜科努爾太空發

射場（Baikonur Cosmodrome）使用的有毒火箭燃料有關。最後，專家判定這些高鼻羚羊感染了多殺性巴氏桿菌（Pasteurella multocida）。這種細菌本身不稀奇，許多健康的羚羊、牛和山羊身上都有多殺性巴氏桿菌，且通常無害。這其中一定是發生什麼事情，才導致高鼻羚羊體內的多殺性巴氏桿菌過度增生，最終滲入血液循環系統，引發血液中毒和內出血。

1980年代，哈薩克也曾發生兩起規模較小的高鼻羚羊死亡事件。專家分析了歷史資料，結果發現哈薩克在這兩起事件前皆歷經異常濕熱的氣候，或許為細菌增生提供了絕佳條件，引發死亡事件。專家猜測2015年的案例也是如此，且擔心在全球暖化之下，這種大規模死亡事件會變得更頻繁。

與此同時，高鼻羚羊的數量已見回升。在生態保護人士的悉心照護之下，現在估計有兩百萬隻高鼻羚羊（包括另一相近亞種）棲息在哈薩克、俄羅斯、烏茲別克和蒙古的草原地區。防範盜獵的執法措施、棲地保護、族群監測加上當地社群參與，都發揮了一定的作用。

2023年12月，國際自然保護聯盟（IUCN）把高鼻羚羊從「極危物種」降級為「近危物種」。不過，專家也提醒，羚羊數量回升不代表牠們就此平安無事。跟許多其他物種一樣，高鼻羚羊的未來仍存在不確定性。

鸚鵡為何能學習人類説話？

有些由人類飼養的非洲灰鸚鵡學起人話非常可信，甚至能用家裡的智慧語音助理為自己添購點心。

但鸚鵡沒有嘴唇也沒有聲帶，究竟如何做到此事？鳥類獨有的鳴管是牠的祕訣，此器官位於氣管底部與肺部之間，為中空且呈Y形，只要鳥類呼吸，空氣便會通過鳴管，讓其振動發聲。

鳥類可利用一連串的肌肉以及鳴管外的軟骨環來靈活控制聲音，鸚鵡正是藉此鳴唱和模仿人話，例如「隔壁花花好漂亮」和「請買更多飼料好嗎」。

隔壁阿花…
出來打球＃＆＊…

最瘋的鳥巢有多狂？

這個因林木維護作業而被發現的喜鵲鳥巢讓科學家大吃一驚，因為其中包含超過 1,500 個從城市裡的防鳥器上偷來的尖刺。

荷蘭自然生物多樣性中心生物學家奧克–弗羅里安・希姆特拉（Auke-Florian Hiemstra）一直在記錄這樣的都市鳥巢，他認為這種看似不太可能用來築巢的材料，可幫助喜鵲驅趕其他鳥類。

「在我所知的鳥巢裡（因為研究鳥巢，我看過許許多多鳥巢），這絕對是我見過最瘋狂的一個。」希姆特拉說明，「鳥類利用人類的驅鳥材料打造鳥巢，然後繁殖出更多鳥。這是完美的報復。」

在荷蘭的鹿特丹和恩斯赫德，以及在格拉斯哥也有人發現過類似的鳥巢，它們全都是鴉科成員（包括烏鴉和喜鵲）打造的鳥巢，其中包含了從鐵絲網到毛線針等多種材料。「這就是都市生態學的魅力，在大城市裡就能獲得這些發現。」希姆特拉如此說道。

吸血鬼傳說的起源為何？

吸血鬼經常出現在文學、電影和電視節目裡。然而，科學家認為這項傳說的起源可能來自不同的醫學症狀。

專家最常引述的是紫質症（porphyria），這是種相當罕見的疾病，病因乃是血液中血基質（heme）的酶出現異常所致。當缺乏合成血基質過程中的酶時，這些前驅物就會在體內過量堆積，導致病患對光線敏感，並且侵蝕病人的嘴唇、牙齦，這可能是吸血鬼擁有尖牙和其貌不揚的原因。

吸血鬼的形象或許也跟肺結核的症狀有關，包括肺結核病人蒼白的皮膚和嘴角經常帶著的血跡。肺結核的傳染性極強，這或許也成為人們相信吸血鬼是靠著吸血散播的起源。也有些

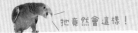

人認為吸血鬼的傳說來自人們對於死亡和屍體腐化的誤會和恐懼。由於人類的皮膚在死亡後會收縮，因此經常給人頭髮和指甲變長的錯覺。

　而吸血蝙蝠和水蛭等真實存在的動物的確靠吸血維生，但是目前沒有證據顯示這些生物啟發了吸血鬼傳說。

帝王斑蝶懂得空氣動力學?

牠們或許沒修過相關學分，但牠們確實會應用。科學家指出，翅膀上白色斑點較多的帝王斑蝶在遷徙過程中存活的時間較長。

美國喬治亞大學雅典校區的生態學家進行了一項以蝴蝶為主的研究，發表在《公共科學圖書館：綜合》（*PLOS ONE*）上，他們發現，翅膀斑點較多的個體較具有演化優勢。帝王斑蝶每年會飛越幾千公里前往越冬地點，目前尚不清楚斑點如何有助於遷徙，但這篇研究論文的作者推測，斑點會使蝴蝶翅膀周遭的氣流模式發生改變。

「帝王斑蝶可以飛行相當長的距離，這篇研究指出，牠們的能力可能不僅僅來自於翅膀跟肌

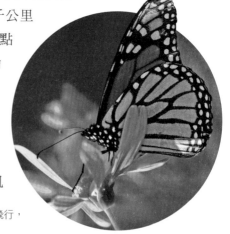

→ 帝王蝴蝶翅膀上的斑點能幫助牠們長途飛行，
　而不僅僅只是裝飾。

肉組成的身體結構。」未參與此項研究的昆蟲學家兼廣播節目主持人亞當・哈特教授（Adam Hart）這麼說，「在陽光下，帝王斑蝶翅膀上深色和淺色的斑點有不同的受熱程度。這可能會在翅膀周遭造成微小的氣旋和氣流，或許有助於減少飛行阻力。這樣的研究還在初期階段，但科學家在鳥類身上也發現了類似的效應。」

↑ 科學家認為白色斑點是一項演化適應，有助於帝王斑蝶完成遷徙壯舉。

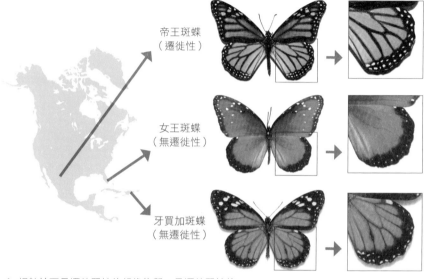

帝王斑蝶
（遷徙性）

女王斑蝶
（無遷徙性）

牙買加斑蝶
（無遷徙性）

↑ 相較於不具遷徙習性的親緣物種，具遷徙習性的
帝王斑蝶翅膀上的白色斑點較大也較多。

　　此篇研究的第一作者，喬治亞大學奧登生態學院的助理研究
員安迪・戴維斯（Andy Davis）表示，「我們原本以為翅膀顏色
較深的帝王斑蝶，才是在遷徙過程中比較成功的個體，因為深
色表面可以提升飛行效率，但我們發現事實正好相反。」

　　帝王斑蝶每年從位於美國東北部和加拿大西南部的原生棲地
遷徙到墨西哥的中部和南部，距離超過 4,800 公里。研究人員在

遷徙過程的不同階段採集了約 400 隻野生帝王斑蝶，對牠們的翅膀進行分析，並測量翅膀的色彩比例。

在遷徙終點採集到的帝王斑蝶翅膀上黑色所占的比例較少，翅膀表面被更多白色斑點占據了。明確地說，比起未完成遷徙旅程的個體，牠們翅膀上黑色所占比例少了 3%，白色多了 3%。

作者認為，白色斑點也能幫助帝王斑蝶利用太陽能來飛行。「帝王斑蝶在遷徙途中接收的太陽能相當豐沛，尤其因為大多數時候牠們都是展開翅膀在飛行。」戴維斯說明，「這樣的遷徙歷經了幾千年，牠們已經演化出利用太陽能來提升飛行效率的能力。」

然而，作者也表示氣候變遷帶來的暖化效應，可能給飛往墨西哥的帝王斑蝶帶來新的演化挑戰，導致能夠抵達終點的帝王斑蝶數量變少。儘管如此，只要牠們能夠抵達越冬地點，擁有穩定的族群（以及在夏季呈現增長的數量）對飛行性昆蟲而言是一個好的跡象。

瞭解帝王斑蝶翅膀的微妙之處對航空太空工程學有所助益。「蝴蝶和一般昆蟲都是小尺度的飛行大師。」哈特這麼說，「牠們的飛行既有效率又靈活，如果想改善微型無人機和飛行機具，昆蟲是我們可以師法的完美對象。」

蜂有多聰明？

相當聰明。牠們能數數、解謎，甚至可以使用簡單的工具。

在一項實驗中，研究人員訓練蜂類飛越三個相隔等距，看起來一模一樣的地標，然後就能抵達放置在 300 公尺外的糖水獎勵。之後，當地標的數量減少，蜂會飛得更遠；當地標的數量增加，蜂會在較短的距離就降落，說明牠們藉著數算地標數量來決定該在哪裡降落。

在另一項研究中，科學家打造了一個謎箱，打開謎箱的旋蓋就可以取得含糖溶液。推動紅色鍵時，旋蓋往順時針方向旋轉；推動藍色鍵時，旋蓋往逆時針方向旋轉。蜂類除了可以接受訓練解開這道謎題之外，還可以藉由觀察同伴的行為而習得

自己解決問題的能力。

在使用工具方面,目前已知東方蜜蜂(Asian honeybee)會收集新鮮的動物糞便,將其塗抹在蜂巢入口附近,用來驅逐捕食性的大虎頭蜂。雖然聞起來有點異味,仍然算得上是使用工具的行為。

科學家曾在實驗室證明,蜂類可以學習使用工具,但這項在2020年發現的抹糞舉動,是首度在野外觀察到蜂類使用工具的行為。

線蟲會搭蜜蜂的便車？

你曾幻想跳上最近的移動物體來縮短交通時間嗎？科學家近來發現一種微型蠕蟲能透過電場跳躍到移動的生物身上。

這個類似於人類搭便車的概念能讓蟲隻節省移動的力氣，還能到達更遠的地方。

「如果你天生體型很小，地球對你來說將是個遼闊無邊的地方。」未參與研究的昆蟲學家和廣播主持人亞當・哈特（Adam Hart）表示，「秀麗隱桿線蟲（Caenorhabditis elegans）是已經被研究得相當透徹的一種生物，不過這次的研究卻帶來了新的斬獲。」

這種一毫米長的秀麗隱桿線蟲常見於土壤裡。日本廣島大學及北海道大學實驗室的研究人員有一天發現這些線蟲試圖「跳出」培養皿。科學家因此幫熊蜂抹上花粉、製造電場，

醫學的幕後功臣

秀麗隱桿線蟲自 1970 年代起在醫學研究上扮演了不可或缺的角色。從基因穩定性、DNA 修復機制到帕金森氏症和人類記憶等領域，多虧這些小蟲的貢獻，我們才能進一步認識人體生理和不同疾病。

接著看到線蟲藉由靜電力躍上熊蜂便車。

這項研究刊載於《當代生物學》（*Current Biology*），研究結果還發現線蟲能搭上彼此的「肩膀」排成一列，每隻線蟲透過抓起下方同伴組成一個小型的康加舞隊型，多達 80 隻線蟲可以在同時間利用靜電力進行跳躍。

科學家發現線蟲跳躍的速度大約是每秒 0.86 公尺，相當於人類的走路速度。然而這個速度卻能隨著電場增強而提升。蝴蝶、蜜蜂和蜂鳥等授粉者已知會在蟲媒花上製造電場、產生靜電力以便身體吸附花粉，但是科學家直到最近才知道電場也存於動物之間，而且能讓微小生物藉此跳到大型動物身上。

哈特說，「研究人員留意到秀麗隱桿線蟲黏在培養皿蓋上，發現了這個現象。這件事告訴我們『觀察』真的是從事科學研究最重要的第一步。」

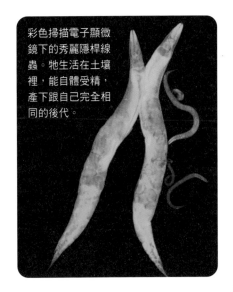

彩色掃描電子顯微鏡下的秀麗隱桿線蟲。牠生活在土壤裡，能自體受精，產下跟自己完全相同的後代。

海星的大腦藏在哪裡？

從奇特的再生能力，到頭身位置成謎，海星向來是科學界津津樂道的話題。不過，後者或許在最近有了解答。

英國南安普敦大學的研究人員發現，與其說海星的頭是身體的一部分，不如說海星和其他棘皮動物的整個身體都是頭部。

棘皮動物是一群包含海膽和沙錢的無脊椎海洋生物，成年個體呈五輻射對稱，這代表牠們的身體能平均分成相同的五個區域。兩側對稱動物（包含人類和大部分的動物界）都有左右兩半部，兩側互相對稱而獨立。這樣的體型呈現（bodyplan）通常具有中間軀幹，加上一個頭和尾部。

科學家首先將海星與其他類似海洋生物的分子標誌進行比較，他們藉由各種高科技的分子和基因體技術發現不同的基因在海星形成過程中的分布和表現方式，進而形成海星最終的樣貌和結構。

「我們比較海星和其他脊椎動物的基因表現時，找不到體型呈現中的一個關鍵要素。」該研究共同作者和南安普敦大學教授傑夫‧湯姆森博士（Jeff Thompson）說。

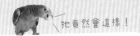

消失的要素是什麼？那就是組成軀幹型態的基因。科學家發現棘皮動物的整個身體相當於兩側對稱動物的頭部，這也讓他們認為棘皮動物或許已經演化出有別於兩側對稱動物的結構，讓牠們在沒有軀幹的情形下以不同方式自由移動和進食。

「我們從研究中得知棘皮動物已經演化出截然不同的體型呈現，比原本預想的複雜許多，對於這個奇特的生物我們還有很多需要學習的地方。」湯姆森說，「雖然我在過去 10 年裡致力於研究海星，這項研究徹底顛覆了我思考這群動物的方式。」

海星的顯微電腦斷層掃描圖：灰色部分為骨骼，黃色為消化系統，藍色為神經系統，紅色為肌肉組織，紫色則為水管系，這些都是頭跟身體的一部分。

美人魚究竟美不美？

擁有人類身軀、魚類尾巴的美麗海洋生物已經在民間傳說流傳了上千年。這個傳說最早可能源自公元前 1,000 年的敘利亞，掌管生育的女性神祇阿塔伽提斯（Atargatis）跳進湖裡後化為一條魚。

　　過了很長一段時間，15 世紀的歐洲水手在各大洋闖蕩後，回來指稱說看見美人魚。哥倫布在 1493 年對現今海地附近發現的美人魚敘述顯示，探險者遇到的真實美人魚或許「不如傳說中形容的那般沉魚落雁，因為他們的臉部帶著一點雄性特徵」。

　　據推測，水手看到的生物很可能是儒艮，也就是俗稱海牛的大型草食海洋哺乳動物。牠們能長到三至四公尺長，有時會以尾巴「站著」的方式浮出水面。

　　另一個造成水手產生幻覺的原因可能是壞血病。這是長途航行中，水手缺乏維生素 C 所致，症狀包括出現幻覺。把罹患壞血病的孤單水手加上人類體型大小的海洋生物，就不難猜出美人魚的由來是怎麼回事了。

大海蛇的真面目為何？

大海蛇的傳說能追溯至遠古時代，隨著歐洲人在 15 世紀開始廣泛地探索海洋後，故事也到處流竄。

科學家認為，這個傳說的起源極有可能是皇帶魚（giant oarfish），牠是世界上最大的硬骨魚，長度能達八公尺，而且習

慣垂直游動。

　這種巨大的魚種出沒於溫帶和熱帶水域，多數時間生活在深海，只有在危急時刻才會游至水面。有報告指出，皇帶魚游至水面的行為與地震和海嘯發生前的地震活動有關，這也能解釋為何大海蛇被人視為末日預兆。

　另一種關於目擊海蛇的解釋可能源自於人們看到海洋動物受困於漁網、試圖掙脫的樣貌。漁網或漁繩在魚類掙扎的過程中看起來就像海蛇修長又蜷曲的身軀。

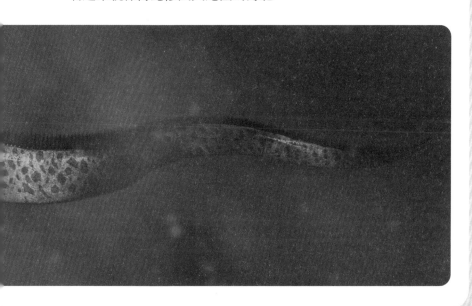

吸血烏賊
有多名不符實？

吸血烏賊有著血紅色的外皮、像是會咬人的白色噴墨管，八爪上還長有鉤子，使其成為令人恐懼的深海生物。牠們的學名 *Vampyroteuthis infernalis* 意為「來自地獄的吸血烏賊」，卻跟牠沒什麼關聯性，是個很誤導人的名字。首先，其實牠們不是烏賊，而是章魚和烏賊的遠親，是吸血烏賊科唯一現存的物種。牠們也不是死後世界的吸血生物，反而性格還滿溫和的，體型也不大，最多只會長到 30 公分，和橄欖球差不多。

長久以來，科學家都不知道吸血烏賊吃什麼，只能假定牠們是在黑暗中偷襲活體獵物的捕食者。直到 2012 年，美國加州蒙特利灣水族館研究機構的研究人員提出突破性的發現，報告當中指出吸血烏賊的進食方式相當特別。

一台裝有攝影機的深潛水下無人機前往深海，並傳回了吸血烏賊漂浮在水裡的影像。牠伸出兩隻長而細的絲，長度達到體

長的八倍，用來收集從上方淺海落下的有機物質碎屑，也就是所謂的海洋雪花（marine snow），並以其為食物。

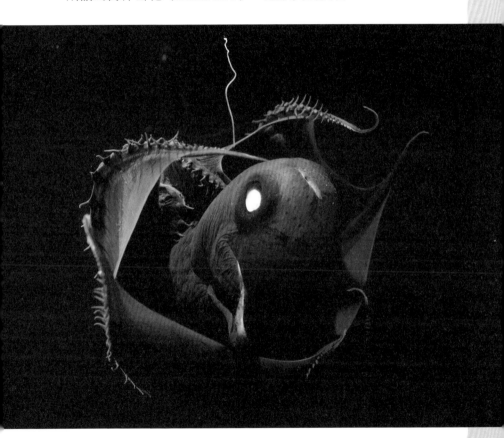

海洋雪花沒有聽起來那麼浪漫，它是死亡浮游生物與其排泄物和黏液結合後的綜合體。攝影機拍到的吸血烏賊偶爾會把沾滿雪花的細絲收回，然後用觸手擦乾淨，將上面的海洋雪花收集成雪球，接著遞到嘴邊吃掉。看來這些烏賊其實不吸血，而是吃雪花維生。

對吸血烏賊來說，收集掉下來的生物殘渣是個很棒的生存策略，因為牠們住在深海，食物來源非常少，也沒有多少呼吸所需的氧氣。牠們生活的深度在 600 到 1,200 公尺，在深海中被稱為「最低含氧區」。因此吸血烏賊演化出節省能量的生存策略非常合理。牠們不會到處尋找獵物，而是漂浮在水層裡輕輕收集海洋雪花。

就像所有生活在深海的動物一樣，吸血烏賊也必須想辦法避免成為別人的晚餐，因此牠們有許多戰術可以避免被別的動物捕食。受到攻擊時，牠們會把觸手拉到頭上，將自己內外翻轉，讓嚇人的尖刺往四面八方露出。科學家把這個稱作鳳梨姿勢。

吸血烏賊還有一種深海動物常見的能力：身體發光。每個觸手的尖端都有會發出生物螢光的點。這樣的發光能力用途目前仍然不明，但或許是用於威嚇與威脅，閃瞎捕食者吧。牠們還能噴出發光黏液來引開捕食者的注意力，然後快速逃入黑暗中。

貓咪怎麼知道要下雨了？

在 過去，水手認為船上的貓咪可以預測天氣。貓要是活潑好動，代表天氣良好；貓要是噴嚏連連，代表即將下小雨；貓要是出現古怪行為（例如逆舔自己的毛），代表暴風雨欲來。有些水手甚至認為貓會用尾巴施法引起暴風雨。

當然，科學還沒辦法證實貓的尾巴中有沒有魔法，但現代有些貓飼主確實發現家貓在大雨來臨前「行為有異」。咸認貓的內耳相當敏感，可以感受到降雨前的大氣壓力下降。

不過，貓咪可是出了名的喜怒無常，誰又說得準牠們何時才算是「行為有異」呢？

植物渴的時候會抗議？

以色列台拉維夫大學的生物學家發現，植物在遭遇壓力時發出的聲音，相當於一般人對話的音量，頻率介於 20kHz 至 100kHz，高到人耳無法聽見。

研究人員將番茄和菸草植株放在隔音室中，再將植株放在嘈雜的溫室裡，並用一般的麥克風錄下它們發出的聲音。在兩種環境下，他們會先讓某些植株遭受壓力，像是連續幾天不澆水，或切割植株的莖幹。

而後，研究人員訓練一種機器學習演算法，藉此分析未遭受壓力、缺水，以及莖幹遭到切割的植株發出的聲音有何不同。他們發現，遭受壓力的植株每小時會隨機地發出 30 至 50 次高音的喀嗒聲或爆裂聲，同一時段內未遭受壓力的植株發聲次數則少了許多。

研究作者莉萊克・哈達尼教授（Lilach Hadany）表示，「其他昆蟲或動植物可能演化出『聆聽』或回應這些聲音的方式。像是打算在植株上產卵的飛蛾，或想要吃掉這株植物的動物，可以根據這些聲音來做決定。」演算法還能分辨植物遭遇不同壓

力時所發出的不同類型聲音以及來源植株。

　　目前仍不清楚植物究竟如何發出這些聲音，但研究人員認為，這些聲音可能和植物內部氣泡的形成及爆裂有關。

↑ 跟植物說話就別提了，問題是，植物是否在跟我們說話？

仙女環 怎麼形成的？

在古老的傳說中，蕈類所形成的環是魔法的重要象徵，被認為和女巫、龍或跳舞的仙子有關，但其實這是可以用自然現象解釋的。

仙女環（fairy circle）又名精靈圈（pixie ring），是由同一種蕈類構成的環，彼此在地底下由稱為菌絲體的絲線連接在一起。蕈類形成胞子時，菌絲體為了吸收養分，會在土壤中呈輻射狀生長。生長中心點的養分耗盡時，該部分的菌絲體會死亡，並因此向外擴展形成圓形的環。接著，蕈菇便會在夏或秋季沿著圓圈的周圍冒出地面。

蕈類所形成的圓圈中心，有些會形成植物無法生長的「死區」，有些則會讓土壤更肥沃，使植物生長更加茂密。

牠竟然會這樣！

彩虹桉顏色
為何如此繽紛？

彩虹桉（*Eucalyptus deglupta*）是生長在菲律賓、新幾內亞和印尼的熱帶雨林中，一種看起來像是油畫的樹，以其樹幹上色彩繽紛的條紋得名，而此現象是因為這種樹終其一生會不斷褪去薄薄的樹皮。

棕色的外層樹皮會以細長的條狀剝落，露出富含葉綠素而呈螢光綠的內層樹皮。然後這些樹皮隨著曝露在空氣中，會漸漸改變顏色，比如因花青素呈現藍色和紫色，類胡蘿蔔素還能使其成為不同濃淡的紅色與黃色。最後樹皮更加老化，葉綠素漸漸枯竭，變回棕色。

意外的是，這種樹色彩如此繽紛，商業上的主要用途卻是用來製造白紙。

牠竟然會這樣！

如果把全世界的細菌疊放在一起，人類肉眼看得見嗎？

從細菌到古菌（另一種單細胞微生物）共有超過 1,030 種單細胞微生物，多數長度僅一微米（0.0001 公分），但數量多到若首尾相連排列在一起可達到 100 億光年長！

即便如此，人類仍很難用肉眼看到這些細菌，這是因為一微米約比人髮要細 75 倍。不過，如果把這批細菌圍繞銀河系擺放，將足以環繞銀河系兩萬多次，最後形成約兩公分寬的帶狀物，屆時或許就可用肉眼看見了。

諸如此類的數據一再顯示我們不擅長想像過大或過小的數量。100 億光年聽來驚人，但要是把所有細菌放入一個立方體（假設立方體沒有因自身重量而崩垮），每邊長將僅有 10 公里左右，聽來就沒那麼嚇人。

　　世界上有多達八成的細菌棲息在岩石、土壤和死水上的菌膜（biofilm）中，包括我們的嘴巴和腸道在內的各種地方亦有細菌存在。這些菌膜類似城市，可能住有多種不同的細菌、古菌和真菌。我們每次打掃家中都會看到菌膜，例如蓮蓬頭上的紅、黑或棕色黏液、馬桶邊緣的下方空間或廚房水槽的瀝水架都可能棲息著數以千萬計的細菌。

霸王龍有時很膽小？

在 6,600 萬年前的某個北美洲海灘上，一隻霸王龍因為風神翼龍的出現，而放棄了巨型蜥腳類恐龍的巨大遺骸。風神翼龍的體型略大於霸王龍，還具備長達兩公尺的嘴喙。

這幕出現在 Apple TV+《史前地球》（*Prehistoric Planet*）第二季中，該節目主要顧問古生物學家達倫・奈什（Darren Naish）解釋了其背後含意，「大家總認為霸王龍是終極的捕食者，是勢不可擋的殺戮機器，能把任何東西咬成兩半。但沒有捕食者是這樣的。」他說道，「每一種捕食者都會把自己受傷跟死亡的風險降到最低。有些例子指出牠們的行為相當保守，幾乎可說是怯懦。因為被那麼長的嘴喙戳到眼睛可不值得。」

2008 年的研究指出，風神翼龍體型狹窄，可折疊的翅膀長達九公尺，雙腿細長，使牠們

成為競爭力十足的陸地捕食者，而且還具備飛行能力。

2015 年，一項更近期的研究探討了在風神翼龍與霸王龍等其他大型肉食捕食者的互動中，這樣的體型有何含意。「牠們各有長處，也各有可能的短處。」奈什說，「但我們認為，遇上這麼高大的捕食者時，霸王龍可能會三思。在這個畫面中，風神翼龍其實不只一隻，因為有證據指出牠們具備社會行為。」

「閃邊去吧，兄弟，那屍體是我的！」

地球氣候如果改變，可能再次演化出恐龍嗎？

演化很大程度上取決於意外、運氣與偶然。自然淘選無法預先規劃，生物如果碰到迫在眉睫的挑戰，優勝劣汰就會發生。已故的美國古生物學教授史蒂芬・傑・古爾德（Stephen Jay Gould）曾拋出大哉問：如果回到遠古讓一切重來，會發生什麼事？世界還會跟現今一樣嗎？他認為世界將大為不同。

在演化中，沒有什麼事是註定的。只要發生一些莫名的小事，便可讓生命步上不可預測的路徑，而且每次重來，每次都會不一樣。

人類越是研究化石紀錄，越會認知到生物只要滅絕就是滅絕了。一旦某個物種或群體滅絕，便再也不會回歸。好比說，現今氣候和三葉蟲的海洋繁盛時期大致相同，但生物界中並未再次演化出三葉蟲。

那麼，有可能演化出類似恐龍的生物嗎？不無可能。在演化中，趨同（convergence）是一大推力：當不同物種面臨同一氣候和環境因素，往往會演化出類似的特徵來因應環境。舉例來說，恐龍（鳥類）和哺乳類動物（蝙蝠）當時都演化出翅膀來飛行。

如果地球的氣候條件回到白堊紀，生物界肯定不會重新演化出霸王龍和三角龍，但可能會出現其他雄偉笨重的大型爬蟲類動物。

EARTH 029

狗狗是真心愛你還是愛你的食物?
企鵝如何不讓到嘴的魚逃走?蜂有多聰明?
BBC專家為你解答生物的不可思議

作者	《BBC 知識》國際中文版
譯者	陸維濃、吳侑達、黃妤萱、王姿云等
責任編輯	洪文樺

總編輯	辜雅穗
總經理	黃淑貞
發行人	何飛鵬
法律顧問	台英國際商務法律事務所 羅明通律師

出版	紅樹林出版 臺北市南港區昆陽街16號4樓 電話:(02) 2500-7008 傳真:(02) 2500-2648
發行	英屬蓋曼群島商家庭傳媒股份有限公司城邦分公司 聯絡地址:臺北市南港區昆陽街16號5樓 書虫客服專線:(02) 25007718、(02) 25007719 24小時傳真專線:(02) 25001990、(02) 25001991 服務時間:週一至週五 09:30-12:00、13:30-17:00 郵撥帳號:19863813 戶名:書虫股份有限公司 讀者服務信箱 email:service@readingclub.com.tw 城邦讀書花園:www.cite.com.tw
香港發行所	城邦(香港)出版集團有限公司 地址:香港灣仔駱克道193號東超商業中心1樓 email:hkcite@biznetvigator.com 電話:(852) 25086231 傳真:(852) 25789337
馬新發行所	城邦(馬新)出版集團 Cité(M)Sdn. Bhd. 41, Jalan Radin Anum, Bandar Baru Sri Petaling, 57000 Kuala Lumpur, Malaysia. 電話:(603) 90563833 傳真:(603) 90576622 email:services@cite.my

封面設計	葉若蒂
內頁排版	葉若蒂
印刷	卡樂彩色製版印刷有限公司
經銷商	聯合發行股份有限公司 客服專線:(02)29178022 傳真:(02) 29158614

2024年(民113)6月初版
Printed in Taiwan
定價410元
著作權所有·翻印必究
ISBN 978-626-98309-3-0

BBC Worldwide UK Publishing

Director of Editorial Governance	Nicholas Brett
Publishing Director	Chris Kerwin
Publishing Coordinator	Eva Abramik

UK.Publishing@bbc.com
www.bbcworldwide.com/uk-anz/ukpublishing.aspx

Immediate Media Co Ltd

Chairman	Stephen Alexander
Deputy Chairman	Peter Phippen
CEO	Tom Bureau
Director of International Licensing and Syndication	Tim Hudson
International Partners Manager	Anna Brown

UK TEAM

Editor	Paul McGuiness
Art Editor	Sheu-Kuie Ho
Picture Editor	Sarah Kennett
Publishing Director	Andrew Davies
Managing Director	Andy Marshall

BBC Knowledge magazine is published by Cite Publishing Ltd.,
under licence from BBC Worldwide Limited, 101 Wood Lane,
London W12 7FA.
The Knowledge logo and the BBC Blocks are the trade marks
of the British Broadcasting Corporation. Used under licence.
(C) Immediate Media Company Limited. All rights reserved.
Reproduction in whole or part prohibited without permission.

狗狗是真心愛你還是愛你的食物?企鵝如何不讓到
嘴的魚逃走?蜂有多聰明?BBC專家為你解答生物
的不可思議/<<BBC知識>>國際中文版作;陸維
濃,吳侑達,黃妤萱,王姿云等譯.-- 初版.-- 臺北市
:紅樹林出版:英屬蓋曼群島商家庭傳媒股份有限
公司城邦分公司發行,民113.06 面; 公分.--
(Earth;29)
ISBN 978-626-98309-3-0(平裝)
1.CST:生命科學 2.CST:問題集 3.CST:通俗作品
360.22   113005637